I0488846

PV Solaire Rupture de Réseau:

Comment Construire des Systèmes Solaires Photovoltaïques pour Power Systems isolement éclairage LED, Appareil Photo, l'électronique, la Communication

by Christopher Kinkaid

Published by Solardyne, LLC
Portland, Oregon

ISBN-13: 978-1500553395
ISBN-10: 1500553395

Index

Prefacio

L'énergie solaire est formidable. Panneaux photovoltaïques à base Alimentation électrique solaire fait alimentations sont efficaces pour leurs besoins en électricité en dehors du réseau. Sun distribue plus de 1000 Watt crête par mètre carré, et est l'alimentation naturelle d'énergie pour la vie sur Terre. En outre, Le Soleil peut être votre alimentation.

Le secret le mieux gardé de commerce, c'est que nous n'avons pas besoin de brûler des combustibles fossiles pour assurer une puissance industrielle. Les panneaux solaires, véritables outils du XXI ème siècle, peuvent faire une production quotidienne d'énergie qui peut être utilisée directement ou stockée pour une utilisation ultérieure à la demande, sur place pour alimenter votre charge électrique à distance, aucune pollution et aucun frais de carburant .

Cet Book est une écriture utiles à construire votre système propylène d'alimentation pour appareils énergie solaire photovoltaïque, les systèmes d'éclairage à LED, Communication, capteur et Cabines ressources, tout pouvoir à l'intérieur des systèmes de livraison à distance, ainsi que sur des sites distants, avec des exemples de systèmes d'énergie solaires photovoltaïques.

L'appel de l'énergie solaire varie avec le temps de la journée, la saison et le climat local. Les panneaux solaires photovoltaïques, de taille appropriée, offrent une puissance de sortie fiable et prévisible malgré les variations quotidiennes lorsqu'il est correctement calculé pour chaque mois.

Il suffit de saisir les panneaux photovoltaïques pour recharger de batteries en courant continu fiable, et des investisseurs, l'alimentation secteur à la demande. Les alimentations pour télécommande, conçu et installé correctement, les sites offrent un réel pouvoir d'exécuter une série de matériel électronique, moteur et une longue liste de dispositifs.

Utilisez cet Book d'entrelacer la charge la production d'énergie énergie dimensionnée en fonction de vos charges électriques photovoltaïques solaires pour les sites distants. Des exemples de systèmes sont de l'ordre de 30 Watt Alimentation solaire PV pour appareils photo, électronique, capteurs, jusqu'à 4000 Watt Power Systems domestique.

À propos de Libr ou

Ce livre est écrit comme un guide étape par étape pour définir les "statistiques vitales" de vos projets d'énergie solaire, et de choisir le bon équipement pour le travail pour lequel il est destiné est faite. Si vous avez un projet spécifique à l'esprit l'énergie solaire photovoltaïque, visitez la liste des échantillons de systèmes solaires photovoltaïques dans le Guide de démarrage rapide chapitre neuf.

Les **guides rapides** tecleables contient des liens qui mènent à Power Systems solaire PV spécifique. Des exemples de systèmes fournies dans le Guide a aussi une liste de pièces, de sorte que vous pouvez configurer votre propre système, ou épouser votre charge électrique à l'instance la plus proche de l'inclure dans ce système de livre électronique, des systèmes jusqu'à 30 Watt 4000 Watt.

Chapitre 1 couvre le sujet de Solar Energy Resource, et le "Big Picture" A propos de la même, de définir la meilleure façon de faire PV travail de l'énergie solaire.

Dans **le chapitre 2** Processus étape par étape est décrite pour définir votre système d'excitation de leurs charges. Depuis Appareils photo, traitement de l'eau de l'électronique, et de pompage sur la demande de systèmes de puissance de logement à distance, le PV énergie solaire comme alimentation.

Chapitre 3 traite des aspects et des sorties relatives aux panneaux solaires photovoltaïques. Les dimensions, les taux d'alimentation et énergie, les options de montage, Hora Pico solaires.

Chapitre 4 analyses et PV Solar Power Systems sont classées de 30 watts à 120 watts. Les systèmes comprennent Contrôleur de charge, batteries, équipement de montage, et les investisseurs pour charger CA. Des exemples de systèmes sont inclus.

Chapitre 5 couvre les systèmes PV Solar Power de 135 à 360 Watt. Comment Alimentations pour LED Lighting, LED de signalisation, traitement de l'eau, appareils photo, des capteurs, et de la communication à distance Plateformes cabines populaires. Des exemples de systèmes sont inclus.

Chapitre 6 examine les PV Solar Power Systems de 500 Watt à 1500 Watt. Panneaux solaires, de conditionnement de puissance, les banques de batteries, coques de batterie, les investisseurs.

Chapitre 7 Systèmes d'énergie solaire PV observé de 2000 à 4000 Watt Watt. Tensions banques de batterie, panneaux électriques, climatisation, fusibles, sectionneurs de sécurité, mise à la terre.

Chapitre 8 comprend un mini systèmes d'énergie solaire PV Guide de référence des exemples de systèmes solaires électriques et ratios de l'énergie.

À propos de l'auteur

Christopher Kinkaid

Christopher (Toby) Kinkaid, originaire de Portland, Oregon, est le fondateur de **Solardyne.com**, **SolarQuote.com**, et **AlgaeToday.com**, et a travaillé dans les technologies d'énergie propre pendant plus de trois décennies.

Kinkaid, Ge est l'inventeur du générateur à axe vertical "Helyx" le module solaire photovoltaïque à concentration "Papillon non-imagerie" (fonctionnement continu à Sandia National Laboratory depuis 1994), la lentille optique concentrateur solaire démultiplexeur (Dr James / Sandia National Laboratory, 1991), et est l'inventeur d'un emballage d'origine de l'énergie solaire "Solar Power Pack" (la Terre Mère Nouvelles, "Littlest utilitaire" Juin / Juillet 2001).

Aussi, Kinkaid a été conférencier officiel et présentateur de technologies d'énergie propre dans les différents événements à travers le monde, y compris "APEC", Bangkok, Thaïlande, 2003, «World Energy Solutions", Tokyo, Japon, 2003, la Conférence internationale de la biomasse (IBC), 2010, Minneapolis, MN, et la Conférence sur les algues Organisation biomasse (ABO), 2010, Phoenix, AZ.

Christopher (Toby) Kinkaid est apparu dans les entretiens et interviews à la télévision Koin, KGW TV, et «Aujourd'hui durable" produit dans l'Oregon, et a siégé au conseil d'administration de l'Association nationale des Etats-Unis, Washington DC hydrogène, 1993 Société japonaise de communication par satellite (JCNET), Fukuoka, au Japon, de 1994 à 1995, et Algaedyne Corporation, Preston, MN, 2010-2013.

Kinkaid, est actuellement chef de la direction de Solardyne, LLC à Portland, Oregon, où il continue son travail en tant que spécialiste dans le développement d'applications et la recherche de l'énergie solaire, éolienne et la biomasse.

Introduction

Les systèmes d'énergie solaires photovoltaïques sont un choix efficace pour l'alimentation dans des endroits éloignés. Les appareils électroniques nécessitent une source d'énergie fiable et un système robuste dans les régions éloignées et des sites avec des conditions météorologiques extrêmes tels que les hautes altitudes, les déserts et les tropiques.

Mettez vos appareils électroniques, caméras, capteurs à distance, des systèmes et des cabines de traitement de l'eau et de l'énergie domestique de pompage, avec la gamme d'échantillons PV systèmes d'énergie solaire inclus dans ce livre. Des exemples de systèmes vont de 30 à 4000 Watt Watts.

Les panneaux solaires photovoltaïques (PV) convertissent l'énergie solaire en électricité "de devises" à travailler. Charger les batteries d'alimentation à la demande 24/7. Si votre site est à distance, systèmes d'alimentation solaire photovoltaïque est un moyen rentable de produire de l'énergie sur place et fourni de manière indépendante, sans toxicité et sans coûts de combustible.

Combustibles fossiles génère du bruit, polluent et toujours avec l'augmentation des coûts de carburant. Des sites éloignés des carburants de transport dépasse souvent le coût du carburant lui-même. Systèmes d'énergie solaire PV sont matures, avec plusieurs décennies, et l'art de panneaux photovoltaïques d'aujourd'hui rend robuste, fiable, et pas de pièces mobiles pour une longue vie. Beaucoup de panneaux solaires photovoltaïques offrent une garantie de performance de 25 ans.

Utilisation et scellé batteries sans entretien, les systèmes d'alimentation photovoltaïques isolés peuvent être de taille appropriée pour alimenter de manière fiable la charge avec le coût le plus bas.

Les chapitres suivants sont écrits pour vous prendre à partir d'une discussion générale à l'spécifique Power Systems solaire PV, ou de les adapter à vos besoins.

Pour calculer le meilleur système d'alimentation solaire photovoltaïque pour site distant, travailler le problème "à l'envers." Commencez par la demande d'énergie de votre site, et le coupler avec la production de l'énergie énergie solaire système PV.

Ce livre est écrit comme une ressource pour déterminer le meilleur dimensionnement de l'équipement et dynamiser votre charge à distance de manière fiable, aucune pollution et aucun frais de carburant.

Chapitre Un - l'énergie solaire. Vue d'ensemble

L'énergie solaire est une force de la nature, offrant plus de 1 000 Watt crête, par mètre carré. C'est de l'énergie peut être convertie avec une grande efficacité, en utilisant photovoltaïques (PV) à être utilisée directement ou stockée dans des batteries pour le pouvoir à la demande.

Dans ce livre, nous allons démêler les questions dont vous avez besoin pour définir les exigences de votre système. Ensuite, correspondant à ces exigences avec le type et les caractéristiques du système d'énergie solaire d'alimentation du réseau le plus approprié, permettant le travail.

La puissance du soleil est énorme, et peut être facilement accessible pour alimenter vos appareils électroniques. Dynamisez vos caméras, des capteurs à distance et les systèmes d'éclairage à LED ainsi que des maisons isolées à l'aide de systèmes photovoltaïques (PV) à fournir de l'énergie à votre système, du début à la fin.

La ressource solaire:

La lumière naturelle contient de nombreuses longueurs d'onde (couleurs) de la lumière, qui peuvent être utilisés séparément pour des raisons différentes. Les courtes longueurs d'onde présentent dans l'énergie solaire, comment l'Ultra-Violet (UV), sont idéales pour stériliser l'eau et de son traitement. Photons courts ont la lumière de haute énergie UV, et sont capables de provoquer des réactions photochimiques.

Les longueurs d'onde du spectre visible du violet, par l'Indigo, Bleu, Vert, Jaune, Orange, et à la Croix-Rouge, en prenant progressivement plus vague longueurs, sont excellents pour la production d'électricité solaire photovoltaïque (PV).

Les longueurs d'onde plus longues présentes dans le spectre solaire, infrarouge (IR) sont idéales pour le chauffage, tel que l'air de chauffage ou des applications d'eau. Cependant convertisseurs pour l'énergie photovoltaïque (PV), les longueurs d'onde dépendent de matériel photovoltaïque.

Usine de photosynthèse (la Terre fouet de l'oxygène et de la chaîne de base Alimentation Nutrition) l'utilisation de longueurs d'onde sélectionnées dans le spectre visible de 400 à 700 nm. Photovoltaïque utilise toutes les longueurs d'onde de la lumière solaire, qui contient plus d'énergie que la "largeur de bande" de la matière des cellules pour produire de l'électricité.

Le «énergie» d'un photon "Raise" avec la diminution de la longueur d'onde (effet photoélectrique d'Einstein, 1905). Les photons de longueurs d'onde, que les Rouges et IR, ont moins d'énergie, respectivement.

Beaucoup de panneaux solaires photovoltaïques sont en silicium. Panneaux photovoltaïques silicium solaires ont une "bande passante" de 1,1 électron-volt (eV). Cela signifie que le silicium comme matériau répond à des longueurs d'onde de lumière de 1100 nm (rouge) et "plus court" pour produire de l'électricité. Les longueurs d'onde infrarouge (IR) à l'âge de la lumière du soleil et 1100 nm sont des longueurs d'onde très faibles pour produire des électrons (électricité).

Les cellules en silicium solaires photovoltaïques dans les premiers temps ont été appelés parce que les cellules rouges de ces longueurs d'onde commence à produire de l'électricité.

Autres FV, tels que l'arséniure de gallium (GaAs) matériaux ont une "bande passante" beaucoup plus élevé que le silicium. Le GaAs présente une bande passante d'environ 1,45 eV. Les cellules ou les cellules solaires à base de GaAs sont appelées "cellules bleues" qui deviennent des longueurs d'onde plus courtes présents dans la lumière du soleil.

Remarque: La lumière rouge a assez d'énergie à 1,1 eV pour produire de l'électricité dans les cellules solaires GaAs. Seuls les photons avec "énergie" au-dessus de la "bande passante" de la matière peuvent produire de l'électricité dans une cellule solaire.

Panneaux solaires électriques (PV) a des rendements très marqué. Les panneaux photovoltaïques produisent plus de lumière en électricité, produisant des quantités impressionnantes de puissance que vous pouvez ressentir. Panneaux solaires F peut produire environ 140 watts par mètre carré de pointe.

Utilisation de l'énergie solaire au travail:

Ce livre utilise des exemples énergie solaire pour produire de l'électricité. Électricité Solarse utilisé pour recharger une batterie. La charge de la batterie solaire peut améliorer un investisseur, de manière à assurer l'approvisionnement de courant alternatif standard pour utiliser les charges CA comme Power domestique.

Les PV Solar Power Systems contenant des éléments de base "Trois." Puissance d'entrée, de stockage d'énergie et de puissance de sortie.

L'entrée d'alimentation comprend des panneaux solaires photovoltaïques, système de suivi, la préparation du site, l'Assemblée et le système de câblage de l'énergie. Dans, comprendra vos panneaux solaires photovoltaïques, Racking matériel, la préparation du site, l'Assemblée du système, et de câblage.

Stockage de l'énergie est basée sur le contrôleur de charge, système de batterie, fusibles de sécurité et déconnexions.

La puissance de sortie détermine la production ou à la livraison de l'énergie dont vous avez besoin pour alimenter votre charge CC électrique ou CA, par exemple, monophasé 120 V CA, 60 Hz (tension américaine), et d'opérer Electronics AC nécessite un investisseurs.

Utiliser l'énergie solaire pour alimenter l'électronique, le chapitre suivant traite de la procédure étape par étape pour la conception et le dimensionnement de votre système d'énergie solaire photovoltaïque.

Chapitre II - Définition de traces Le meilleur système d'énergie solaire pour le travail.

Fournir de l'énergie solaire est très utile dans des endroits éloignés, ou où l'électricité n'est pas disponible pour améliorer leur charge électrique. Cet Book couvre les systèmes solaires photovoltaïques de puissance isolées, hors réseau, qui alimenter de nombreux appareils électroniques, et autres exigences d'alimentation sur des sites distants.

Caméras, Electronique, capteurs, GPS, capteurs scientifiques, l'éclairage LED, de pompage et de traitement de l'eau aux UV, Communications et maisons non raccordées au réseau sont les charges d'électricité qui peuvent être fournis avec des centrales électriques des systèmes solaires photovoltaïques.

Les étapes suivantes définissent votre système pour sélectionner l'alimentation correcte solaire PV.

Première étape: Puis mon fardeau être alimenté directement par le Soleil, ou besoin d'une banque de batterie de puissance à la demande?

Si votre projet est de pompage de l'eau, par exemple, votre système peut être alimenté directement par des panneaux solaires photovoltaïques à travers le contrôleur de pompe, et vous n'avez pas besoin de piles.

Si votre projet nécessite "puissance contrôlée," comme un système de feux de signalisation ou d'urgence, caméras, capteurs ou alimentation domestique, alors vous avez besoin de piles. Systèmes, y compris ceux énumérés ci-dessous à titre d'exemples, toutes les piles usagées que l'application la plus courante pour les sites distants sont les charges de puissance sur demande 24 heures par jour.

Si votre "charge électrique" nécessite une alimentation "à la demande," alors vous avez besoin de piles dans votre système d'énergie solaire photovoltaïque.

Deuxième étape: Est-ce ma charge électrique ou d'électricité CA CD?"

Les charges électriques peuvent être ou courant continu direct (DC ou DC) et à courant alternatif (AC). La charge électrique peut être une caméra, éclairage LED, ou tout électronique, qui sont conçus pour CD. (La puissance des alimentations convertir réseau de CD AC.

Si votre charge est CD, CD correspond à la tension de votre appareil avec la tension de la batterie, la charge et exécuter vos batteries ceux-ci directement. Les panneaux solaires photovoltaïques pour recharger les batteries, sont "fixés" pour correspondre à la tension des batteries. Cette tension continue est votre système, et est généralement de 12, 24 ou 48 VDC.

Remarque: Si la tension de l'appareil est inférieure à 12 V en tant que 4.5VCC, puis ajouter un convertisseur CD CD afin de réduire la tension entre la batterie et la charge.

Si votre charge nécessite une alimentation AC, comment dans Home électriques, des pompes ou des moteurs et AC, puis connectez un onduleur à la banque de la batterie. Les systèmes énumérés ci-dessus comprennent des options de CA pour vous afin de dimensionner l'onduleur pour charger. Systèmes énumérés ci-dessous AC comprendra options afin que vous pouvez dimensionner correctement votre onduleur pour votre charge.

Courant alternatif (AC) est disponible en deux types de tension: américains et européens.

L'American monophasé Tension 120 VAC utilise 60 Hz, tandis que l'Union européenne utilise 220 V ca, 50 Hz Note: Les systèmes solaires photovoltaïques hors réseau pour CD sont les mêmes. L'onduleur vous connectez "définir" la sortie AC. Pour la tension et le courant européen, devrait être désigné onduleur de tension européenne.

Les exemples ci-dessous sont basées sur la tension d'Amérique, sauf indication contraire.

Tensions américains sont donnés en trois types: monophasé, deux (2) phases (split en deux phases) et trois (3) Phase ou triphasé, chacune avec des tensions différentes, respectivement.

Son "charge électrique" permettra de déterminer lequel d'entre eux est que vous avez besoin: alimentation monophasé 120/240 VAC 60 Hz, 2 phases ou 208/240 (2 phases et terre séparées), ou 3 phase 240/440.

PV Power Systems solaire avec batterie peut résister à tous les types d'investisseurs.

Le courant alternatif circule comment une onde sinusoïdale. Phases 2 formats (Deux monophasé séparé), et formats 3 Phase de sinusoïdes a multiple (jambes) transmis simultanément à différents stades. Multiphase transmission de puissance C \ (Le multiphase a été inventé par Tesla), pousse chacun de ces "jambes" en phase différente

Par exemple, un transfert de puissance de la phase 3, possède trois "pieds", chacun déphasé de 120 degrés par rapport à l'autre. La relation entre les «jambes» est appelé facteur de puissance.

Les investisseurs modernes ont avancé protocoles "conditionnement d'énergie" qui fournissent des "ondes sinusoïdales" propres et fixes en gardant vos sorties de sécurité électronique et puissants.

Troisième étape: Quelle est la "puissance requise" pour ma charge électrique?

Les charges électriques, éclairage LED, éclairage de sécurité, les capteurs, les centrales d'énergie, peuvent tous être définis par une demande d'énergie, ou "pouvoir de taux." La puissance nécessaire" est la conception de votre appareil, ou des appareils connectés à la batterie en cas de "chaud." Typiquement, si tout était en fonctionnement, la puissance totale serait de concevoir?

Pour sa conception de puissance, ajouter tous les pouvoirs individuels de tous les dispositifs qui seront alimentés ou alimentés par le système. Si vous faites la promotion de dix feux signaux LED séparent haute puissance, avec une conception de 30 watts de lumière pour chacun, la puissance de conception totale est de 300 Watt.

Pour calculer la demande de la «force» de votre projet, la liste de toutes les applications et les charges électriques que vous allez promouvoir. Par exemple, si votre cabine à distance a un micro-ondes, TV, Radio Lumières puis la liste de chaque demande de colonne.

Quatrième étape: Quelle est la "Puissance requise" pour ma charge électrique?

L'énergie est la mesure de la puissance par le temps. Si votre capacité de charge est de 1000 Watt (1 kW), puis pendant une heure, un kilowatt-heure d'énergie est nécessaire. Un kWh d'énergie fournit la puissance d'un 1000 Watt temps continu d'une heure.

Pour calculer l'énergie de votre système d'énergie solaire photovoltaïque a besoin de générer Multiplier chaque composant individuel ou charger votre demande de puissance totale pour les heures chaque jour et de la charge de travail à la fin ajouter tous les produits.

Cinquième étape: Combien d'énergie solaire avoir sur mon site?

Le soleil est une source puissante d'énergie.

En termes de pouvoir réel, le soleil est évaluée pour les conditions des normes de test (En anglais: Conditions de test standard, ou STC).

Le STC définit l'énergie solaire pico "de densité de puissance" à la surface de la Terre pour alimenter 1 000 watts par mètre carré (environ 10,5 pieds carrés). Remarque: Le STC définissent également le montant de la masse d'air à travers la trajectoire du Soleil (OMA 1.5 à un angle de 45 degrés), la température standard de 25 degrés C (77 degrés F). Une vitesse de vent de 2 mètres / seconde définit le mieux la STC pour les tests et l'évaluation des tarifs d'électricité dela de panneaux solaires photovoltaïques.

Pour déterminer la quantité d'énergie solaire que vous avez dans votre région, consultez les pics heures de soleil pour votre emplacement dans le Plan solaire. Dans notre exemple, nous utilisons la ville de Kansas, avec 5,5 heures de pointe Sun Respecter ses heures de pointe taux Sun à votre emplacement.

La ressource d'énergie solaire se produit dans un état optimal pour un jour clair de ciel 1 Kilowatt (1000 Watt) de puissance optique. Modules électriques solaires (panneaux photovoltaïques (PV) convertissent cette énergie lumineuse en courant continu solaire (CD) avec un bon rendement livrer environ 140 Watt d'électricité par mètre carré. Panneaux solaires photovoltaïques sont câblés pour produire la tension désirée.

Chaque solaire "cellulaire" produit environ 1/2 volt DC lui-même. Étonnamment, même dans des conditions nuageuses, cellules solaires produisent des tensions Buenos. La quantité d'énergie solaire se chargera de la quantité de «courant» que la cellule produit.

La lumière du soleil plus directe d'atteindre la cellule solaire, le plus souvent se produire. Les cellules solaires sont tous reliés entre eux pour produire des modules solaires connectées en série pour produire des tensions de travail d'achever ses travaux.

Un mètre carré de lumière du soleil est une force électrique puissant. Panneaux solaires photovoltaïques avec 14% d'efficacité pourraient produire 140 watts, 12 VDC sur m2. Un mètre carré de l'énergie solaire peut fournir plus de 11 ampères de courant. Watt/m2 1000 est une densité de puissance respectable.

L'énergie produite par votre énergie solaire photovoltaïque sera sous les panneaux Taux puissance multipliée par les heures de soleil pointe pour votre emplacement. La améliorer prix par Pico heures par jour vous donnera l'énergie dont vous attendez de votre panneau solaire photovoltaïque ou PV réseau peuvent offrir tous les jours.

Sixième étape: Comment la taille de votre système d'alimentation solaire photovoltaïque?

Dans les chapitres suivants, choisir le meilleur système d'énergie solaire photovoltaïque pour votre projet. Correspondent à votre demande d'énergie du système de production d'énergie pour trouver le meilleur.

Si vous voulez calculer votre propre système de conception selon les conventions, siiga les étapes suivantes:

Première étape: Liste tous les téléchargements Puissance de taux.

Exemple:

TV - 50 Watts Four micro-onde - 300 Watts

Deuxième étape: Dressez la liste des "heures par jour" Chargez vos travaux:

TV - 4 Heures
Micro-ondes - 1 heure

Multiplier "Puissance en Watt" par "heures" pour déterminer la puissance en «Watt-heure"

TV - 50 Watts pour 4 heures / jour = 200 Watt-heure.
Micro-ondes - 300 Watt pendant 1 heure / jour = 300 watts-heure.

Troisième étape: Ajouter tout "énergie par jour," qui a été calculé pour obtenir le total.

TV - 200 Watt-heure + micro-ondes -300 Watt-heure
Total = 500 watts-heure par jour

Quatrième étape: Diviser la "Journée de l'énergie totale" entre taux des heures de pointe dans votre région.

500 Watt-hora/5.5 heures de soleil pointe (selon la localité) = 90 Watt

Ce calcul indique 90 watts de panneaux solaires photovoltaïques produisent en moyenne l'équivalent de 5,5 fonctionnement de pointe par jour. Ce produit (90x5.5), soit environ 500 watt-heures d'énergie par jour.

Le comportement des rendements indique que nous derratear ou diminuer ce calcul. La théorie et la pratique sont directement liés, mais ils ne sont pas jumeaux. Déclasser leurs panneaux photovoltaïques en raison de pertes par les batteries et l'onduleur de 25%.

Le panneau solaire photovoltaïque 90 Watt, Dans cet exemple, 90 watts est multipliée par 1,25 pour un panneau solaire photovoltaïque évalué à 112,5 watts. Comme les fabricants, règle générale, ne font pas un panneau PV 112.5 watts, arrondir à la prochaine taille disponible. Dans cet exemple, un panneau 120 Watt PV serait un bon choix.

Remarque: Augmenter la taille de la matrice de l'énergie solaire photovoltaïque et la batterie si vous êtes dans un endroit avec des conditions météorologiques extrêmes (par exemple, ciel nuageux).

Cinquième étape: Obtenez votre contrôleur de charge et la batterie.

Travailler "à rebours" de sa charge, dans cet exemple, 500 watts-heure par jour, nous pouvons évaluer les autres équipes. Lorsque la taille de votre batterie, sélectionnez d'abord votre système de tension DC. Dans cet exemple, nous allons sélectionner 12 VDC.

Remarque: Un système solaire photovoltaïque plus, le système de tension plus devrait être.

Fractionnement de l'énergie entre le CD Système de tension (VCD Watt-hora/12 500) est arrivé à la capacité de la batterie, environ 40 Amp-heure, dans cet exemple.

"Dévaluer" la pile du système de 15%, en tenant compte de la variation naturelle, alors notre capacité de la batterie (taux en ampère-heure) est de 40 Ah multiplié par 1,15, ce qui donne un taux de 46 Ah.

Vous ne pouvez pas les fabricants de batteries pour les produire 46Ah (12 VCD), nous allons à la prochaine valeur la plus proche de fabrication et disponibles sur le marché. Dans cet exemple, piles scellées sans entretien prix MK 50 sélection Amp-temps.

Le système de contrôle du contrôleur de charge de charge des batteries.

Choisissez votre contrôleur de charge sur la base de l'entrée ampérage DC (à partir du panneau solaire photovoltaïque) avec votre tension du système CD Voltage coïncidant avec ses batteries. Dans notre exemple, notre système de tension de CD est de 112 VDC. Notre panneau de PV est de 120 Watt à 12 VDC. Le panneau solaire photovoltaïque est ampères 10 ampères (120 Watt/12 VCD).

Par conséquent, votre contrôleur de charge, dans ce cas, doit être évalué à 12 ampères à 12 VDC.

Sixième étape: Choisissez votre onduleur.

Si votre "charge électrique" qui requiert le CA, alors vous avez besoin d'un onduleur. Onduleurs transforment le courant continu de la batterie à des sorties AC monophasé de tension, Split phase et triphasé AC selon votre choix. Votre charge électrique, Nuevo, CA détermine l'électricité que nous fournissons. Basez votre sélection sur l'onduleur charge d'alimentation que vous essayez d'exécuter. Dans notre exemple, nos deux applications donnent demande totale de puissance de 350 watts (300 watts 50 watts de plus).

Choisissez votre onduleur avec des dimensions au-dessus de la puissance de charge doivent fonctionner. Dans ce cas, sélectionnez un onduleur de 350 watts à 500 watts.

Les investisseurs sont également choisis de tension d'entrée DC l sur la base. Modèles Investisseurs spécifiés entrées 12, 24, ou 48 VDC. Sélectionnez le CD tension d'entrée inverseur pour correspondre avec votre tension CD batterie.

Les investisseurs de l'AC sont monophasé 120 VAC 60 Hz, sauf indication contraire.

Consultez le Guide rapide dans le chapitre neuf de la liste de PV Solar Power Systems de l'échantillon.

Une fois que vous savez ces statistiques vitales concernant votre énergie solaire photovoltaïque proposé votre fournisseur solaire peut savoir comment configurer votre système. Comparez les exemples dans ce livre à vos besoins autant que possible en termes de besoins énergétiques. Si vous ne voyez pas répertoriés dans ce livre un système assez puissant pour vos besoins, alors s'il vous plaît visitez notre site **Solardyne.com** pour plus d'informations.

Chapitre trois: l'énergie solaire en utilisant panneaux solaires photovoltaïques (PV) pour alimentation à distance

Le soleil est une énergie puissante et idéal pour les charges électriques dans les sites sur le terrain à distance Source. Le soleil est une source puissante d'énergie, et idéal pour améliorer charges isolées.

Modules (panneaux) solaires photovoltaïques courants électriques produisent forte CD, et sont bien placés dans des endroits extrêmes pour sa durabilité éprouvée et la fiabilité dans le domaine, au fil des décennies. Les panneaux solaires photovoltaïques produisent des tensions fortes, même à des niveaux faible luminosité, donnant une chance de recharger les batteries, même dans des conditions nuageuses. Panneaux photovoltaïques solaires sont configurés pour donner une performance spécifique sur un large éventail de conditions climatiques.

Les charges électriques hors de réseau nécessitent une alimentation électrique. Le "énergie" nécessaire pour améliorer une charge électrique globale est calculée connaissant la demande de puissance, et l'équipement des heures travaillées est exploité. L'énergie est égale à la puissance par le temps. Estimer votre système d'énergie solaire photovoltaïque pour fournir assez d'énergie capable de gérer leur charge tous les jours.

Système d'énergie solaire pour les charges hors réseau doit comporter un réseau de panneaux solaires photovoltaïques, une structure de montage pour ajouter ou supprimer des panneaux in situ. Le courant continu produit par les panneaux solaires photovoltaïques est connecté à un contrôleur de charge.

Le régulateur de charge est le "cerveau" du système et remplit plusieurs fonctions pour maintenir son système d'alimentation sûre et fonctionne efficacement. Le contrôleur de charge ajuste la puissance provenant du panneau solaire photovoltaïque trouver son point de puissance maximale. Les contrôleurs utilisent ce Power Point Tracking maximale (MPPT de een) pour assortir le modèle idéal des panneaux photovoltaïques pour recharger une tension de batterie spécifique.

Le contrôleur de charge surveille la tension des bactéries et protège les bactéries en deux conditions: haute tension et basse tension.

État de haute tension se produit lorsque vos batteries commencent à surcharger. La surcharge est nocif pour les batteries, et peut conduire à des échecs. Le régulateur de charge détecte la condition et utilise la tension Déconnecter haut (HVD en anglais).

Le HVD indique au conducteur d'ouvrir le circuit de panneaux PV solaires de passer sans plus de charge pour les batteries.

En outre, si la tension des piles est détectée par le contrôleur comme très faible, alors le contrôleur utilise le débranchement de la basse tension (LVD) pour déconnecter le circuit qui alimente la charge, et ainsi de ne pas laisser plus d'énergie de la batterie. La condition LVD est également préjudiciable pour les batteries et utilisée pour renforcer la protection du circuit.

Les charges électriques critiques tels que des capteurs, des caméras, des stérilisateurs UV et de l'eau, par exemple, la demande de puissance de sortie sur 24/7 requis.

Pour ce faire, une banque de batterie est utilisée pour stocker de l'énergie à partir de panneaux solaires et l'énergie photovoltaïque offre pour la charge électrique. Des exemples de banques de batterie, énumérés dans les systèmes représentés, sont basées sur l'énergie totale requise par la charge d'exécuter un certain nombre d'heures par jour.

En ce qui concerne les blocs d'alimentation, toutes les tensions de travail "descente." Si vous voulez améliorer une charge de 12 V cc à partir d'un panneau solaire, vous devez produire un peu plus de 12 VDC à conduire en charge soit par un panneau photovoltaïque ou d'une batterie.

Pour un 12 VDC solaire photovoltaïque pour produire un fabricant de panneaux de tension supérieur 36 cellules solaires individuelles connectées en série à l'intérieur du module. Câblage des cellules solaires en série "Ajoute" tensions, ce qui donne une tension nominale de 18 VDC.

Sous la charge, lorsque vous branchez votre charge électrique, la tension va baisser comme le premier système de panneau solaire.

Petite Panneaux solaires photovoltaïques de 60 à 135 Watt sont généralement de 12 VDC. Si vous voulez des tensions système supérieures, relier les panneaux en série. Deux en série pour 24 VDC. Quatre séries de 48 VDC. Les plus grands panneaux solaires photovoltaïques de 140 Watt à 280 Watts sont câblés à 24 VDC chacun. Connectez deux en série 24 VDC pour 48 VDC.

La tension système solaire CD PV doit correspondre à la tension de la batterie, et la tension d'entrée de l'onduleur vous sélectionnez pour améliorer charge. Ceci est votre tension CD du système.

La tension de l'énergie solaire photovoltaïque correspond à la tension de batterie, la fonction qui coïncide avec la tension d'entrée DC de l'onduleur.

Remarque: Raccordement des panneaux solaires photovoltaïques en série augmente la tension (courant reste le même), relier les panneaux en parallèle pour augmenter le courant (tensions restent les mêmes).

L'énergie produite par le panneau photovoltaïque L'énergie solaire est le taux multiplié par le taux de Pico Sol temps quotidien pour votre emplacement.

Vérifiez votre carte locale avec l'énergie solaire, et notez combien d'heures - le rayonnement solaire Pico Sol reçu votre localité.

Equitation leurs panneaux solaires photovoltaïques sur le site. Options.

Les panneaux solaires peuvent être montés dans une variété de façons. Ces options incluent montage poteau dans le sol, de la couverture, avec suivi passif et le suivi des actifs.

En Extrême-Post.
A côté de poste.
Structure de montage réglable de champ comme A.
Ajouté à Mont couverture.
Ballast Pont Type de monture.
Suivi passif.
La surveillance active.

Supports fixes garder le panneau solaire PV à un angle spécifique de l'inclinaison est réglable. Pour augmenter la puissance de votre générateur photovoltaïque solaire que vous pouvez désaisonnalisée angle d'inclinaison de maximiser l'exposition solaire. Tous les assemblages sont constitués Solares plein sud quand son village est situé dans l'hémisphère Nord. (Remarque: monter vos panneaux face au nord si votre ville est située dans l'hémisphère sud

panneaux photovoltaïques pour les systèmes électriques ont besoin d'une structure robuste et fiable de montage. Les panneaux solaires photovoltaïques peuvent être montés sur le poteau, soit à son extrémité supérieure, à la tête d'un mât, ou montés sur un côté de la poste. Ce dernier type a une structure le long de la partie supérieure et inférieure des panneaux solaires photovoltaïques.

Le montage sur poteau est un excellent choix, car elle conserve ses panneaux au-dessus du sol pour minimiser les effets de cette augmentation comme la poussière et la saleté. En outre, le câblage des panneaux, une fois placés dans la structure de montage est plus facile à faire ramper manuellement sous eux. (J boîtiers de raccordement sont sous les panneaux).

Le pôle monter leurs panneaux font également l'installation plus facile. Panneaux solaires plus petits sont montés sur le diamètre du tuyau de 1,5" (38,1 mm) annexe N ° 40. La préparation du site comprend creuser un trou dans le sol et fixer le poteau en béton.

Panneaux photovoltaïques solaires plus grandes, jusqu'à 2.000 Watt, montés dans l'Extrême-Post, utilisé un tube de diamètre 2,5" (63,5 mmm) l'annexe n ° 40, ou avec des diamètres de 3,5" (88,9 mm) ou 4.5" (114,3 mmm) à encore plus des tableaux. Les exemples ci-dessous devront diamètres spécifiques.

Vous pouvez également monter votre montage de panneau solaire mener une terre robuste et peu coûteux. Le Land de montage est une structure de montage en rack comme un type qui vous permet de régler l'angle d'inclinaison. Idéal pour le montage de votre angle solaire de panneaux photovoltaïques est déterminée par l'angle de latitude de les monter et démonter 15 degrés. Si votre ville est de 45 degrés de latitude, l'angle doit être de 30 degrés mesurés à l'horizontale.

Remarque: Si votre site est une ville tropicale, nuageux ou très, meilleur angle est pas. Montez vos écrans plats dans le plan horizontal. Donc, vous recevez le plus "Global rayonnement solaire," qui comprend l'exposition directe et indirecte.

Vous pouvez également monter votre photovoltaïque solaire sur son couvercle, si votre deck est proche de la banque de la batterie.

La production de l'énergie solaire est augmentée si vous êtes toujours pointez le panneau solaire photovoltaïque vers le soleil L'équipement de suivi solaire exerce cette fonction soit dans un seul arbre de matin jusqu'à la nuit ou deux axes (altitude et Azimut), qui est plus précis.

Les adeptes sont classés en deux types: passives et actives, respectivement. Suiveurs passifs, comme des boîtes Zomeworks ont une grande force, et augmentent la sortie du panneau PV en une augmentation de 25% de l'énergie.

Abonnés de type utiliser un chauffage inégal passive des gaz internes de s'ajuster à l'écran tout au long de la journée, suivant le soleil le matin ces adeptes sont remis à zéro avec le soleil levant et répéter le cycle.

Les systèmes d'énergie solaires photovoltaïques fonctionnent le mieux en plein soleil le chemin solaire Après l'solaires photovoltaïques de production d'énergie du panneau augmente, la puissance par le temps. Après la course du soleil, des panneaux solaires photovoltaïques augmenter la production d'énergie - production d'électricité au fil du temps.

Actif followers (excité) modèles utilisés par Wattsun augmenter la puissance des panneaux photovoltaïques Solarles jusqu'à 35%. L'utilisation d'un capteur et servo moteurs solaires, alimenté par un générateur photovoltaïque solaire suiveur séparément Wattsun extrait la puissance maximale de votre arrangement solaire photovoltaïque.

Il existe un coût accru pour l'équipement utilisé, mais les performances du système augmente considérablement

Si votre site est très éloignée, ne pas utiliser de pièces mobiles, le montage et utiliser Fin Poste, qui pourrait nécessiter aucun entretien. Si votre site est facilement accessible, et a un faible encombrement, le suivi des actifs est une excellente option pour l'amélioration du rendement

Dans les systèmes énumérés ci-dessous, nous allons utiliser deux panneaux solaires, par exemple. Les panneaux solaires photovoltaïques pour les petits notés pour 12 VDC chacune, nous allons utiliser les panneaux Dasol 30, 60, 90, et 135 watts de puissance, respectivement. Pour les plus grands panneaux solaires photovoltaïques REC utiliser le modèle avec le 250 panneau le plus populaire et largement utilisé Watt disponible évalué à 24 VDC chacun.

Batteries échantillons des exemples de la liste des pièces ci-dessous, choisis sont le type de scellé et sans entretien.

Batteries Gel étanches sont conçus pour être robustes et fiables. Ces batteries peuvent fonctionner dans n'importe quelle orientation (pas recommandé de haut en bas), sont fabriqués pour une durabilité et une bonne expédition. Sécurité, protection de fuite et ils sont puissants, fait des batteries au gel aujourd'hui très convenable et commode de travailler avec eux dans la journée sur le terrain.

Tous les systèmes photovoltaïques Solar Battery Charger contrôleur utiliseront la charge d'une taille appropriée, qui protègent en outre la banque de batterie pour son fonctionnement sans fiabilité et la maintenance.

Un onduleur est ajouté pour convertir la capacité de la batterie dans les systèmes d'alimentation en courant alternatif monophasé à améliorer le traitement UV de l'eau.

Emplacement et installation Considérations pour Solar PV Power Supply

Systèmes d'énergie solaire sont de préférence situés à une distance de la batterie du système électrique banque / onduleur. Idéalement, vos batteries et panneau d'alimentation (régulateur de charge / inverseur, fusible de sécurité et déconnexions) debenir montés locale à l'intérieur si la température tombe en dessous de 4 degrés C (40 degrés F)

La plage de température optimale pour les batteries de stockage de l'équipement est de 9 ° C et 29 ° C. Le système d'alimentation solaire photovoltaïque peut être monté jusqu'à 200 pieds (environ 61 mètres), d'où la Banque de batteries sera facturé.

Remarque: Si vos panneaux solaires photovoltaïques doivent être situés à plus de 200 pieds (61 m) banque de la batterie, et le système d'alimentation, vous pouvez augmenter la tension de votre réseau d'énergie solaire photovoltaïque pour compenser la perte de tension à travers cette grande câbles de longueur. Apportez votre électricité solaire photovoltaïque par câblage bel intérieur de votre banque de batterie où votre régulateur de charge, les batteries et l'onduleur sont situés.

Si votre site est une localité Muy Caliente augmenter la tension de votre arrangement de panneau solaire d'ajouter un autre, ou d'une rangée de panneaux en série pour augmenter la tension de la chaîne de PV.

Les sites distants sont connus pour des difficultés logistiques. Souvent, il n'ya pas de pouvoir, qui est le point de ce livre, afin d'améliorer les stérilisateurs d'eau UV puissance de l'énergie solaire photovoltaïque. Les sites distants sont connus pour des difficultés logistiques. En tant que tel, les composants électroniques sensibles de votre énergie solaire, il faudra protection

boîtes de protection du climat de batteries sont incluses dans les exemples suivants, qui protègent les batteries contre les intempéries et autres externalités. boîtes de batterie sont isolés ou non. Si vous êtes dans un climat plus froid, isolé les utiliser. Si vous êtes dans un climat tempéré ne sélectionnez isolé. Si vous êtes dans un climat chaud utiliser isolé.

Les panneaux solaires photovoltaïques seront montés sur End Post (il ya d'autres options comme Terrain de montage sur le pont ou Track) pour installer le photovoltaïque solaire à un mât. Ceci est fixé à l'extrémité d'un tube vertical en acier - diamètre de 1,5 à 4,5" (38,1 mm à 114,3 mm) Tableau # 40 - incorporé dans le sol et fixé avec du béton, afin de monter les panneaux photovoltaïques.

Les grands panneaux photovoltaïques solaires peuvent utiliser des terres de montage comme une plate-forme stable et fiable pour les pieds de support peut être fixé et verrouillé, importante dans des endroits extrêmes.

Chapitre quatre: Systèmes d'énergie solaire PV 30 Watt a120

Dans ce chapitre, nous allons observer les Alimentations photovoltaïques solaires nécessaires pour faire fonctionner des appareils électroniques tels que des caméras, l'éclairage LED, et autres appareils électroniques de faible puissance. Répondre à la demande d'énergie (kWh / jour) pour vos marchandises à la valeur de la production d'énergie (kWh / jour) de l'un des systèmes électriques solaires photovoltaïques énumérés ci-dessous ci-dessous pour trouver la meilleure correspondance.

Pour plus d'informations sur la ressource solaire dans votre région consultez le soleil pointe dans solaire Carte. Il peut être dans le Plan d'heures d'ensoleillement National Renewable Energy Laboratory de pointe dans ce lien.

Les systèmes d'énergie solaire PV suivants sont configurés pour pouvoir à la demande 24/7.

Exemple de système A:

Taux Puissance: 30 Watt 12 VDC. Production d'énergie pour une ville de 5,5 heures au soleil pointe 120 Watt-heure / jour. Production mensuelle de l'énergie: 3,64 kWh / mois.

Liste des pièces:

Solar Array:

Un (1) panneau solaire photovoltaïque évalué à 30 Watts et 12 VDC c / u. Total 30 Watt correctif.

Exemple: Dasol DS-A18-30, dimensions c / u: 27,2" x 13,8" x 1" (691 x 350,5 x 25,4 mm). Un (1) Fin de montage type de poste de la structure d'un panneau de 30 watts (12 V CC). Monté sur un diamètre de tube d'acier de 1,5" (38,1 mm) annexe N ° 40.

Batterie / Contrôleur de charge / variateur:

Un (1) Contrôleur de charge: Modèle SunGuard 4 au prix de 4 ampères @ 12 VDC. Un (1) Batterie: MK 12

VDC, étanche, sans entretien Modèle 8G22NF évalué à 40 capacité Ah.

Câblage et la préparation du site spécifique. PV solaire Sortie CD Système: 12 VDC

Si votre charge nécessite CA, ajouter l'un des investisseurs suivants:

Samlex: PST-15S-12A évalué à 150 Watts
Cobra: 300 Watts
Morningstar SureSine: 300 Watts
Samlex PST-30012 évalué à 300 Watts
Magnum: MM612 évalué à 600 Watts
Samlex: PST-600 évalué à 600 Watts

Exemple de Système B:

Taux Puissance: 60 Watt 12 VDC. Production d'énergie pour une ville de 5,5 heures au soleil pointe 240 Watt-heure / jour. La production mensuelle d'énergie: 9,8 kWh / mois.

Liste des pièces:

Solar Array:

Un (1) panneau solaire photovoltaïque évalué à 60 Watts et 12 VDC c / u. Total 60 Watt correctif.

Exemple: Dasol DS-A18-60, dimensions c / u: 27,2" x 26,2" x 1.38" (691 x 665,5 x 35,05 mm).

Un (1) Fin de montage type de poste de la structure d'un panneau de 60 watts (12 V CC). Monté sur un diamètre de tube d'acier de 1,5" (38,1 mm) annexe N ° 40.

Batterie / Contrôleur de charge / variateur:

Un (1) Contrôleur de charge: Modèle SunSaver 10 au prix de 10 ampères @ 12 VDC.

Un (1) Batterie: MK 12 VDC, étanche, sans entretien Modèle MK 8G22NF évalué à 50 capacité Ah. Une (1) boîte de batterie monté sur un côté de la Poste. (Gendarmerie sous les panneaux solaires).

Câblage et la préparation du site spécifique. PV solaire Sortie CD Système: 12 VDC

Options investisseurs comprennent:

Samlex: PST-15S-12A évalué à 150 Watts
Cobra: 300 Watts
Morningstar SureSine: 300 Watts
Samlex PST-30012 évalué à 300 Watts
Magnum: MM612 évalué à 600 Watts
Samlex: PST-600 évalué à 600 Watts

Exemple de système C :

Taux Puissance: 60 Watt à 24 VDC. Production
d'énergie pour Situation 5 Heures Sun-pointe 240
Watt-heure / jour. La production mensuelle
d'énergie: 9,8 kWh / mois.

Liste des pièces:

Solar Array:

Deux (2) Les panneaux solaires évalué à 30 Watts et
12 VDC PV c / u connectés en série pour 24 VDC.
Total 60 Watt correctif. Exemple: Dasol DS-A18-30,
dimensions c / u: 27,2" x 13,8" x 1" (691 x 350,5 x
25,4 mm). Un (1) Fin de montage type de poste de
la structure pour deux (2) panneaux de 30 watts (12
V CC). Monté sur un diamètre de tube d'acier de
1,5" (38,1 mm) annexe N ° 40.

Batterie / Contrôleur de charge / variateur:

Un (1) Contrôleur de charge: Modèle SunSaver 10
nominale de charge 24 V cc jusqu'à 10 ampères.
Deux (2) Batteries Modèle MK 8G22NF au prix de 12
VDC et 40 capacité Ah, étanche, sans entretien. Une
(1) boîte de batterie monté sur un côté de la Poste.
(Monté sous le panneau solaire).

Câblage et la préparation du site spécifique. Sortie
PV solaire CD du système: 24 VCD

Options investisseurs comprennent:

Samlex: PST-60024 évalué à 600 Watts
Magnum: MM1524 évalué à 1500 Watts

Exemple de système D:

Tarif: 90 Watt 12 VDC. Production d'énergie pour une ville de 5,5 heures-370 Pico Sol Watt-hora/día. La production mensuelle d'énergie: 11,25 kWh / mois.

Liste des pièces:

Solar Array:

Un (1) panneau solaire photovoltaïque évalué à 90 Watts et 12 VDC. Exemple: Dasol DS-A18-90, dimensions c / u: 39" x 28,2" x 1,38" (990,6 x 716,3 x 35,05 mm). Un (1) Fin de montage type de poste de la structure pour un (1) panneau de 90 watts (12 V CC). Monté sur un diamètre de tube d'acier de 1,5" (38,1 mm) annexe N ° 40.

Batterie / Contrôleur de charge / variateur:

Un (1) Contrôleur de charge: Modèle Morning Star SunSaver 10 nominale de charge 12 V jusqu'à 10 ampères. UN (1) Modèle MK Batteries 8G24DT évalué à 12 VDC et 73 capacité Ah, étanches, sans entretien. Une (1) boîte de montage de type boîte de batterie sur le plancher. Il peut être situé jusqu'à 50 pieds (15,2 m) de la photovoltaïque.

Câblage et la préparation du site spécifique. PV solaire Sortie CD Système: 12 VDC

Options investisseurs comprennent:

Samlex: PST-15S-12A évalué à 150 Watts
Cobra: 300 Watts
Morningstar SureSine: 300 Watts
Samlex PST-30012 évalué à 300 Watts
Magnum: MM612 évalué à 600 Watts
Samlex: PST-600 évalué à 600 Watts

Exemple de système E:

Taux Puissance: 120 Watt 12 VDC. Production d'énergie pour une ville de 5,5 heures au soleil pointe 500 Watt-heure / jour. Production d'énergie mensuel: 15,2 kWh / mois.

Solar Array:

Deux (2) Les panneaux solaires photovoltaïques évalués à 60 Watts et 12 VDC, entièrement câblés en parallèle. Exemple: Dasol DS-A18-60, dimensions c / u: 27,2" x 26,2" x 1.38" (691 x 665,5 x 35,05 mm). Un (1) Fin de montage type de poste de la structure pour deux (2) panneaux de 60 watts (12 V CC).

Monté sur un diamètre de tube d'acier de 1,5 "(38,1 mm) annexe N ° 40.

Batterie / Contrôleur de charge / variateur:

Un (1) Contrôleur de charge: Modèle Morning Star MPPT ProStar PS-15, 10, 12 VDC pour une charge jusqu'à 50 ampères. Un (1) Modèle MK Battery 8G34 évalué à 12 VDC et 60 capacité Ah, scellée, sans entretien. Une (1) boîte de batterie du type de montage pour un Side Post. Monté sous les panneaux photovoltaïques.

Câblage et la préparation du site spécifique. PV solaire Sortie CD Système: 12 VDC

Options investisseurs comprennent:

Samlex: PST-15S-12A évalué à 150 Watts
Cobra: 300 Watts
Morningstar SureSine: 300 Watts
Samlex PST-30012 évalué à 300 Watts
Magnum: MM612 évalué à 600 Watts
Samlex: PST-600 évalué à 600 Watts

Exemple de système F:

Taux Puissance: 120 Watt à 24 VDC. Production d'énergie pour une ville de 5,5 heures au soleil pointe 500 Watt-heure / jour. Production d'énergie mensuel: 15,2 kWh / mois.

Solar Array:

Deux (2) Les panneaux solaires photovoltaïques évalués à 60 Watts et 12 VDC, entièrement câblé en série pour un total de 120 Watt. Exemple: Dasol DS-A18-60, dimensions c / u: 27,2" x 26,2" x 1.38" (691 x 665,5 x 35,05 mm). Un (1) Fin de montage type de poste de la structure pour deux (2) panneaux de 60 watts (12 V CC). Monté sur un diamètre de tube d'acier de 1,5" (38,1 mm) annexe N ° 40.

Batterie / Contrôleur de charge / variateur:

Un (1) Contrôleur de charge: Modèle Morning Star MPPT ProStar PS-15, 10, 24 VDC pour une charge jusqu'à 15 ampères. Un (1) Modèle MK Battery 8G34 évalué à 12 VDC et 60 capacité Ah, scellée, sans entretien. Une (1) boîte de batterie du type de montage pour un Side Post. Monté sous les panneaux photovoltaïques.

Câblage et la préparation du site spécifique. PV solaire Sortie CD Système: 12 VDC

Options investisseurs comprennent:

Samlex: PST-60024 évalué à 600 Watts
Magnum: MM1524 évalué à 1500 Watts

Chapitre Cinq - PV Solaire Systems 135-360 Watts

Dans ce chapitre, nous allons observer les systèmes électriques solaires photovoltaïques pour une puissance de milieu de gamme à distance. Éclairage des surfaces, stations de communication, Remorques scolaires, cabines isolées, peuvent être électrifiés avec la puissance de l'énergie solaire photovoltaïque.

Les systèmes décrits ci-dessous à l'aide des batteries scellées, décharge profonde pour une sécurité accrue, la puissance et la facilité d'utilisation.

Panneaux solaires photovoltaïques sont montés sur l'extrémité de structures polaires, mais peuvent toujours être remplacés par d'autres structures telles que la couverture, sur un terrain ou de suivi. Les tensions du système de CD peuvent être 12 VDC ou 24 VDC. Tous les systèmes comprennent l'option de l'onduleur.

Exemple de système G:

Taux Puissance: 135 Watt à 24 VDC. Production d'énergie pour une ville de 5,5 heures au soleil pointe 550 Watt-heure / jour. Production mensuelle de l'énergie: 16 kWh / mois.

Solar Array:

Un (1) PV Panneau solaire évalué à 135 Watts et 12 VDC. Panneau solaire PV Exemple: Dasol DS-A18-135. Dimensions de c / u: 27,2" x 26,2" x 1.38" (691 x 665,5 x 35,05 mm). Un (1) Fin de châssis monté pour un type de poste (1) 135 Watt de panneau (12 VDC). Monté sur un diamètre de tube d'acier de 1,5" (38,1 mm) annexe N ° 40.

Batterie / Contrôleur de charge / variateur:

Un (1) Contrôleur de charge: ProStar Modèle Morning Star, la charge et la batterie nominale de 12 VDC et 15 ampères. Un (1) modèle de batterie MK 8G34, étanche, sans entretien, évalué à 12 VDC et 60 capacité Ah. Un (1) type de boîte de la batterie de la boîte dans le sol. Il peut être situé jusqu'à 50 pieds (15,24 m) de la photovoltaïque.

Options investisseurs comprennent:

Samlex: PST-15S-12A évalué à 150 Watts
Cobra: 300 Watts

Morningstar SureSine: 300 Watts
Samlex PST-30012 évalué à 300 Watts
Magnum: MM612 évalué à 600 Watts
Samlex: PST-600 évalué à 600 Watts

Exemple de système H:

Taux Puissance: 180 Watt 12 V c / u, connectés en parallèle pour 12 VDC. Production d'énergie pour une ville de 5,5 heures au soleil pointe 740 Watt-heure / jour. Production mensuelle de l'énergie: 22 kWh / mois.

Solar Array:

Deux (2) Les panneaux solaires photovoltaïques évalués à 90 Watts et 12 VDC, entièrement câblé en parallèle avec 12 VDC pour un total de 180 Watt. Fxemple: Dasol DS-A18-90, dimensions c / u: 39" x 28,2" x 1,38" (990,6 x 716,3 x 35,05 mm). Un (1) Fin de montage type de poste de la structure pour deux (2) panneaux de 90 watts (12 V CC). Monté sur un diamètre de tube d'acier de 1,5" (38,1 mm) annexe N ° 40, trou encastré dans le sol avec du ciment.

Batterie / Contrôleur de charge / variateur:

Un (1) Contrôleur de charge: Modèle Morning Star ProStar PS-15, prévus pour recharge de la batterie à 12 VDC et 15 ampères. Deux (2) Batteries modèle MK 8G22NF, étanche, sans entretien, taxée à 12 VDC et 50 capacité Ah c / u. Un (1) type de boîte de la batterie de la boîte dans le sol. Il peut être situé jusqu'à 50 pieds (15,24 m) de la photovoltaïque.

Options investisseurs comprennent:

Samlex: PST-15S-12A évalué à 150 Watts
Cobra: 300 Watts
Morningstar SureSine: 300 Watts
Samlex PST-30012 évalué à 300 Watts
Magnum: MM612 évalué à 600 Watts
Samlex: PST-600 évalué à 600 Watts

Système Exemple I:

Taux Puissance: 180 Watt 24 V c / u, connectés en parallèle pour 12 VDC. Production d'énergie pour Situation 5 Heures Sun-pointe 740 Watt-heure / jour. Production mensuelle de l'énergie: 22 kWh / mois.

Solar Array:

Deux (2) Les panneaux solaires photovoltaïques évalués à 90 Watts et 12 VDC, entièrement câblé en parallèle avec 12 VDC pour un total de 180 Watt. Exemple: Dasol DS-A18-90, dimensions c / u: 39" x 28,2" x 1,38" (990,6 x 716,3 x 35,05 mm). Un (1) Fin de montage type de poste de la structure pour deux (2) panneaux de 90 watts (12 V CC). Monté sur un diamètre de tube d'acier de 1,5" (38,1 mm) annexe N ° 40, trou encastré dans le sol avec du ciment.

Batterie / Contrôleur de charge / variateur:

Un (1) Contrôleur de charge: Modèle Morning Star ProStar PS-15, prévus pour recharge de la batterie à 12 VDC et 15 ampères. Deux (2) modèle Batteries MK 8G34, étanche, sans entretien, taxés à 12 VDC et 60 capacité Ah. Un (1) type de boîte de la batterie de la boîte dans le sol. Il peut être situé jusqu'à 50 pieds (15,24 m) de la photovoltaïque.

Invertor options:

Samlex: PST-60024 évalué à 600 Watts
Magnum: MM1524 évalué à 1500 Watts

Exemple de système J:

Taux Puissance: 250 Watt à 24 VDC. Production d'énergie pour une ville de 5,5 heures au soleil pointe 1000 Watt-heure / jour. Production mensuelle de l'énergie: 30 kWh / mois.

Solar Array:

Un (1) PV Panneau solaire évalué à 250 Watts et 24 VDC. Exemple: PV solaire REC 250PE, dimensions c /

u: 65,5" x 39" x 1,5" (16633,7 x 990,6 x 38,1 mm). Un (1) Fin de montage type de poste de la structure pour deux (2) 250 panneaux Watt. Monté sur un diamètre de tube d'acier de 2,5" (63,5 mm) annexe N ° 40, trou encastré dans le sol avec du ciment.

Batterie / Contrôleur de charge / variateur:

Un (1) Contrôleur de charge: Modèle Morning Star ProStar PS-15, prévus pour recharge de la batterie à 24 VDC et 15 ampères. Deux (2) Batteries modèle MK 8G24DT, étanche, sans entretien, taxée à 12 VDC et 73 Ah de capacité c / u. Un (1) type de boîte de la batterie de la boîte dans le sol. Il peut être situé jusqu'à 50 pieds (15,24 m) de la photovoltaïque. Un (1) 125 Watt Onduleur ExcelTech Xp/24 CA monophasé à 24 VDC.

Options investisseurs comprennent:

Samlex: PST-60024 évalué à 600 Watts
Magnum: MM1524 évalué à 1500 Watts

Exemple de système K:

Taux Puissance: 270 Watt 12 VDC. Production d'énergie pour une ville avec 5,5 heures de soleil crête 1100 watts-heure / jour. Production mensuelle de l'énergie: 33 kWh / mois.

Solar Array:

Deux (2) des panneaux solaires photovoltaïques évalué à 135 Watt et 12 VDC c / u, entièrement connectés en parallèle à 12 VDC pour un total de 270 Watt. Exemple: Dasol DS-A18-135, les dimensions de c / u: 27,2" x 26,2" x 1.38" (691 x 665,5 x 35,05 mm). Un (1) Fin de montage type de poste de la structure pour deux (2) 135 panneaux Watt (12 VDC). Monté sur un diamètre de tube d'acier de 1,5" (38,1 mm) annexe N ° 40, trou encastré dans le sol avec du ciment.

Un (1) Morning Star ProStar PS-15, prévus pour 12 VDC batterie charge jusqu'à 15 ampères Charge-contrôleur. Un (1) étanche, sans entretien batterie MK 8G34 évalué à 12 VDC @ 60 ampères-heures chacune. Un (1) Coffre style Rez Battery Box (peut être situé à 50 mètres de PV).

Batterie / Contrôleur de charge / variateur:

Un (1) Contrôleur de charge: Modèle Morning Star ProStar PS-15, prévus pour recharge de la batterie à 12 VDC et 15 ampères. Un (1) modèle de batterie MK 8G34, étanche, sans entretien, évalué à 12 VDC et 60 capacité Ah.

Un (1) type de boîte de la batterie de la boîte dans le sol.

Il peut être situé jusqu'à 50 pieds (15,24 m) de la photovoltaïque.

Options investisseurs comprennent:

Samlex: PST-15S-12A évalué à 150 Watts
Morningstar SureSine: 300 Watts
Samlex: PST-30012 évalué à 300 Watts
Magnum: MM612 évalué à 600 Watts
Samlex: PST-600 évalué à 600 Watts
Magnum: MM1512 évalué à 1500 Watts

Exemple de système L:

Taux Puissance: 270 Watt à 24 VDC et 12 VDC c / u, connectés en série pour 24 VDC. Totale 2270 Watt correctif. Production d'énergie pour une ville avec 5,5 heures de soleil crête 1100 watts-heure / jour. Production mensuelle de l'énergie: 33 kWh / mois.

Solar Array:

Deux (2) des panneaux solaires photovoltaïques évalué à 135 Watt et 12 VDC c / u, connectées en série à 12 VDC pour un total de 270 Watt. Exemple: Dasol DS-A18-135, les dimensions de c / u: 27,2" x 26,2" x 1.38" (691 x 665,5 x 35,05 mm). Un (1) Fin de montage type de poste de la structure pour deux (2) panneaux de 90 watts (12 V CC). Monté sur un diamètre de tube d'acier de 1,5" (38,1 mm) annexe N ° 40, trou encastré dans le sol avec du ciment.

Batterie / Contrôleur de charge / variateur:

Un (1) Contrôleur de charge: Modèle Morning Star ProStar PS-15, prévus pour recharge de la batterie à 24 VDC et 15 ampères. Deux (2) modèle Batteries MK 8G34, étanche, sans entretien, taxés à 12 VDC et 60 capacité Ah. Un (1) type de boîte de la batterie de la boîte dans le sol. Il peut être situé jusqu'à 50 pieds (15,24 m) de la photovoltaïque.

Options investisseurs comprennent:

Samlex: PST-60024 évalué à 600 Watts
Magnum: MM1524 évalué à 1500 Watts
Magnum: RD1824 évalué à 1800 Watts
Magnum: RD2824 évalué à 2800 Watts

Exemple de système M:

Taux Puissance: 360 Watt 12 V c / u, connectés en parallèle pour 12 VDC. Production d'énergie pour une ville avec 5,5 heures de soleil crête 1485 watts-heure / jour. Production mensuelle de l'énergie: 45 kWh / mois.

Solar Array:

Quatre (4) Les panneaux solaires photovoltaïques évalué à 90 watts et 12 VDC, entièrement connecté en parallèle à 12 VDC pour un total de 360 Watt. Exemple: Dasol DS-A18-90, dimensions c / u: 39" x

28,2" x 1,38" (990,6 x 716,3 x 35,05 mm). Un (1) Fin de montage type de poste de la structure pour deux (2) panneaux de 90 watts (12 V CC).

Monté sur un diamètre de tube d'acier de 2,5" (63,5 mm) annexe N ° 40, trou encastré dans le sol avec du ciment.

Batterie / Contrôleur de charge / variateur:

Un (1) Contrôleur de charge: Modèle Morning Star TriStar TS-30, prévus pour recharge de la batterie à 12 VDC.

Un (1) modèle de batterie MK 8G24DT, étanche, sans entretien, évalué à 12 VDC et 73 capacité Ah. Un (1) type de boîte de la batterie de la boîte dans le sol. Il peut être situé jusqu'à 50 pieds (15,24 m) de la photovoltaïque.

Options investisseurs comprennent:

Samlex: PST-15S-12A évalué à 150 Watts
Cobra: 300 Watt onduleur AC
Morningstar SureSine: 300 Watts
Samlex PST-30012 évalué à 300 Watts
Magnum: MM612 évalué à 600 Watts
Samlex: PST-600 évalué à 600 Watts
Samlex: PST-1000-1012 évalué à 1000 Watts
Samlex: PST-1500-1512 évalué à 1500 Watts

Exemple de système N:

Taux Puissance: 360 Watt à 24 VDC. Production d'énergie pour une ville avec 5,5 heures de soleil crête 1485 watts-heure / jour. Production mensuelle de l'énergie: 45 kWh / mois.

Solar Array:

Quatre (4) Les panneaux solaires photovoltaïques évalués à 90 Watts et 12 VDC c / u, reliées à deux rangées de deux panneaux en parallèle, et reliant les lignes en série pour 24 VDC. Exemple: Dasol DS-A18-90, dimensions c / u: 39" x 28,2" x 1,38" (990,6 x 716,3 x 35,05 mm). Un (1) Fin de montage type de poste de la structure pour deux (2) panneaux de 90 watts (12 V CC). Monté sur un diamètre de tube d'acier de 2,5" (63,5 mm) annexe N ° 40, trou encastré dans le sol avec du ciment.

Batterie / Contrôleur de charge / variateur:

Un (1) Contrôleur de charge: Morning Star Modèle TS-MTTP-45, prévus pour recharge de la batterie à 24 VDC.

Deux (2) modèle Batteries mo MK 8G34, étanche, sans entretien, taxée à 12 VDC et 60 capacité Ah. Un (1) type de boîte de la batterie de la boîte dans le sol. Il peut être situé jusqu'à 50 pieds (15,24 m) de la photovoltaïque.

Options investisseurs comprennent:

Samlex: PST-60024 évalué à 600 Watts
Magnum: MM1524 évalué à 1500 Watts
Magnum: RD1824 évalué à 1800 Watts
Magnum: RD2824 évalué à 2800 Watts

Chapitre Six - PV Solaire Power Systems de 500 à 1,500 Watts

Parce que ces systèmes d'énergie solaire PV sont plus âgés, vous devriez avoir voir l'augmentation des tensions pour des tensions système CD. Lorsque le courant électrique passe à travers les fils et la résistance du fil est proportionnelle au carré du courant. Si le courant est augmenté de deux fois, la résistance va en 4 fois.

Afin de minimiser la perte de "courant" dans un câble, sélectionnez des tensions plus élevées. La puissance est le produit de la tension par l'intensité du courant (P = VA). Pour une puissance donnée, disons, 1000 Watt, vous pouvez l'avoir à 10 ampères 100 volts sont (10x100 = 1,000).

Alors vous aussi pouvez avoir 1000 Watt 10 ampères à 100 volts (100x10 = 1000). Dans les deux cas sont de 1000 Watt. Cependant, dans le premier cas un courant de 10 ampères. Le deuxième cas fournit un courant de 100 ampères. Si la résistance à un fil augmente avec le carré de l'intensité du courant, alors nous voulons "minimiser" l'intensité, mais même la prise du pouvoir. Pour ce faire, la tension devient de plus en plus, dans la mesure où la puissance augmente.

Ce qui suit sont des grands systèmes, tels que le pompage de l'eau reconventionnelle, éclairage LED Systèmes d'éclairage de secours, l'éclairage de grandes zones ou des cabines ou des charges station de communication à distance.

Exemple système O:

Taux Puissance: 500 Watt 12 VDC. Production d'énergie pour une ville de 5,5 heures au soleil pointe 2000 Watt-heure / jour. Production mensuelle de l'énergie: 60 kWh / mois.

Solar Array:

Six (6) Les panneaux solaires photovoltaïques évalués à 90 Watts et 12 VDC, entièrement câblé en parallèle avec 12 VDC pour un total de 540 Watt. Exemple: Dasol DS-A18-90, dimensions c / u: 39" x 28,2" x 1,38" (990,6 x 716,3 x 35,05 mm). Un (1) Fin de montage type de poste de la structure pour deux (2) panneaux de 90 watts (12 V CC). Monté sur un diamètre de tube d'acier de 2,5" (63,5 mm) annexe N ° 40, trou encastré dans le sol avec du ciment.

Batterie / Contrôleur de charge / variateur:

Un (1) Contrôleur de charge: Modèle PS-45 Morning Star, prix pour recharge de la batterie à 12 VDC. Deux (2) Batteries modèle MK 8G24DT, étanche, sans entretien, taxée à 12 VDC et 60 capacité Ah. Un (1) type de boîte de la batterie de la boîte dans le sol. Il peut être situé jusqu'à 50 pieds (15,24 m) de la photovoltaïque.

Options investisseurs comprennent:

Samlex: PST-15S-12A évalué à 150 Watts
Cobra: 300 Watt onduleur AC
Morningstar SureSine: 300 Watts
Samlex PST-30012 évalué à 300 Watts
Magnum: MM612 évalué à 600 Watts
Samlex: PST-600 évalué à 600 Watts

Exemple système de P:

Taux Puissance: 500 watts à 24 VDC. Production d'énergie pour une ville de 5,5 heures au soleil pointe 2000 Watt-heure / jour.

Production mensuelle de l'énergie: 60 kWh / mois.

Solar Array:

Deux (2) Les panneaux solaires photovoltaïques évalué à 250 watts à 24 VDC, entièrement connecté en parallèle, pour un total de 500 Watt. Exemple: PV solaire REC 250PE, dimensions c / u: 65,5" x 39 "x 1,5" (1663,7 x 990,6 x 38,1 mm). Un (1) Fin de montage type de poste de la structure pour deux (2) 250 panneaux Watt. Monté sur un diamètre de tube d'acier de 2,5" (63,5 mm) annexe N ° 40, trou encastré dans le sol avec du ciment.

Batterie / Contrôleur de charge / variateur:

Un (1) Contrôleur de charge: Morning Star Modèle TS-MTTP-60, prévus pour recharge de la batterie à 24 VDC. Deux (2) Batteries modèle MK 8G24DT, étanche, sans entretien, taxée à 12 VDC et 73 capacité Ah. Un (1) type de boîte de la batterie de la boîte dans le sol. Il peut être situé jusqu'à 50 pieds (15,24 m) de la photovoltaïque.

Investor options:

Samlex: PST-60024 évalué à 600 Watts
Magnum: MM1524 évalué à 1500 Watts
Magnum: RD1824 évalué à 1800 Watts
Magnum: RD2824 évalué à 2800 Watts

Exemple de système Q:

Deux (2) Panneau solaire photovoltaïque évalué à 250 watts à 24 VDC chaque, câblés en série pour 48 VDC, 500 Watt réseau total. Exemple: PV solaire REC 250PE, chaque Taille: 65,5" x 39" x 1,5" Un (1) Haut-de-Pôle Matériel de montage pour deux panneaux de 250 watts. Se monte sur 2,5" Schedule 40 tuyau #, auguraient dans le sol avec des fondations en ciment.

Taux Puissance: 500 Watt 48 VDC. Production d'énergie pour une ville de 5,5 heures au soleil pointe 2000 Watt-heure / jour. Production mensuelle de l'énergie: 60 kWh / mois.

Solar Array:

Deux (2) des panneaux solaires photovoltaïques évalué à 250 watts à 24 VDC c / u, entièrement connectée en série pour 48 V cc pour un total de 500 Watt solution.

Exemple: PV solaire REC 250PE, dimensions c / u: 65,5" x 39" x 1,5" (1663,7 x 990,6 x 38,1 mm).

Un (1) Fin de montage type de poste de la structure pour deux (2) 250 panneaux Watt. Monté sur un diamètre de tube d'acier de 2,5" (63,5 mm) annexe N ° 40, trou encastré dans le sol avec du ciment.

Batterie / Contrôleur de charge / variateur:

Un (1) Contrôleur de charge: Morning Star Modèle TS-45, prévus pour recharge de la batterie à 48 VDC. Deux (2) Batteries modèle MK 8G34, étanche, sans entretien, taxés à 12 VDC et 60 capacité Ah, c / u connecté à 48 VDC. Un (1) type de boîte de la batterie de la boîte dans le sol. Il peut être situé jusqu'à 50 pieds (15,24 m) de la photovoltaïque.

Investor options:

Outback GVFX3648 évalué à 3600 Watts

Exemple de système R:

Taux Puissance: 1000 Watt 24 VDC. Production d'énergie pour une ville de 5,5 pic Heures de soleil 4,1 kWh / jour. Production d'énergie mensuel: 125 kWh / mois.

Solar Array:

Quatre (4) Les panneaux solaires photovoltaïques évalué à 250 watts à 24 VDC, entièrement monté en parallèle pour un total de 1.000 Watt correctif. Exemple: PV solaire REC 250PE, dimensions c / u: 65,5" x 39" x 1,5" (1663,7 x 990,6 x 38,1 mm). Un (1) Fin de Monté Type de châssis Poste pour quatre (4) 250 panneaux Watt (12 VDC). Monté sur un diamètre de tube d'acier de 3,5" (88,9 mm) annexe N ° 40, trou encastré dans le sol avec du ciment.

Batterie / Contrôleur de charge / variateur:

Un (1) Contrôleur de charge: Morning Star Modèle TS-MTTP-60, prévus pour recharge de la batterie à 24 VDC. Deux (2) Batteries modèle MK 8G24DT, étanche, sans entretien, taxée à 12 VDC et 73 capacité Ah. Un (1) type de boîte de la batterie de la boîte dans le sol. Il peut être situé jusqu'à 50 pieds (15,24 m) de la photovoltaïque. A 125 Watt Onduleur ExcelTech XP/24 monophasé AC à 24 VDC.

Investor options:

Samlex: PST-60024 évalué à 600 Watts
Magnum: MM1524 évalué à 1500 Watts
Magnum: RD1824 évalué à 1800 Watts
Magnum: RD2824 évalué à 2800 Watts

Exemple S Système:

Taux Puissance: 1000 Watt 48 VDC. Production d'énergie pour une ville de 5,5 pic Heures de soleil 4,1 kWh / jour. Production d'énergie mensuel: 125 kWh / mois.

Solar Array:

Quatre (4) des panneaux solaires photovoltaïques évalué à 250 Watts et 24 VDC, reliés à deux subhileras, reliés en interne en série pour 48 V CC, et un total de 1.000 Watt correctif. Exemple: PV solaire REC 250PE, dimensions c / u: 65,5" x 39" x 1,5" (1663,5 x 990,6 x 38,1 mm). Un (1) Fin de Monté Type de châssis Poste pour quatre (4) 250 panneaux Watt. Monté sur un diamètre de tube d'acier de 3,5" (88,9 mm) annexe N ° 40, trou encastré dans le sol avec du ciment.

Batterie / Contrôleur de charge / variateur:

Un (1) Contrôleur de charge: Morning Star Modèle TS-MTTP-60, prévus pour recharge de la batterie à 24 VDC.

Quatre (4) Batteries modèle MK 8G24DT, étanche, sans entretien, taxée à 12 VDC et 73 Ah de capacité c / u. Un (1) type de boîte de la batterie de la boîte dans le sol. Il peut être situé jusqu'à 50 pieds (15,24 m) de la photovoltaïque.

Onduleur:

Outback GVFX3648 évalué à 3600 Watts

Exemple de système T:

Taux Puissance: 1500 Watt 24 VDC. Production d'énergie pour une ville avec 5,5 heures de soleil crête 6100 watts-heure / jour.

Production d'énergie mensuel: 185 kWh / mois.

Solar Array:

Six (6) des panneaux solaires photovoltaïques évalué à 250 Watts et 24 VDC c / u, pour un total de 1.500 Watt correctif. Exemple: PV solaire REC 250PE, dimensions c / u: 65,5" x 39" x 1,5" (1663,7 x 990,6 x 38,1 mm). Un (1) Fin de montage type de poste de la structure pour les six (6) 250 panneaux Watt. Monté sur un diamètre de tube d'acier de 4,5" (1114,3 mm) annexe n ° 40, trou encastré dans le sol avec du ciment.

Batterie / Contrôleur de charge / variateur:

Un (1) Contrôleur de charge: Morning Star Modèle TS-MTTP-60, prévus pour recharge de la batterie à 24 VDC. Quatre (4) Batteries modèle MK 8G24DT, étanche, sans entretien, taxés à 12 VDC et 73 capacité Ah. Un (1) type de boîte de la batterie de la boîte dans le sol. Il peut être situé jusqu'à 50 pieds (15,24 m) de la photovoltaïque.

Investor options:

Samlex: PST-60024 évalué à 600 Watts
Magnum: MM1524 évalué à 1500 Watts
Magnum: RD1824 évalué à 1800 Watts
Magnum: RD2824 évalué à 2800 Watts
Magnum: RD3924 évalué à 3900 Watts

Chapitre Sept - Power Systems solaire photovoltaïque de 2,000 à 4,000 Watts

Ce chapitre observer les systèmes de plus grande puissance. Par conséquent, vous devez toujours payer plus d'attention à votre terre, Fusiblería et commutateurs de sécurité. Panneaux électriques comprennent tous les composants de conditionnement de puissance et pré-câblé avec des fusibles et des assemblages.

Systèmes d'énergie solaire sont FV logement à distance et grande entreprise. Ces exemples de systèmes utilisent les banques de batteries à décharge profonde pour la livraison d'énergie robuste et puissant.

Sorties équipes AC monophasé pour la production d'énergie, en deux phases et en trois phases.

Panneaux photovoltaïques solaires dans ces grands systèmes, les monts spécifiées sur terre, encore le pôle sont faciles à faire, et fournissent une bonne vue. Comme toujours, vous pouvez sélectionner le montage de l'équipement et de la structure en fonction de la situation spécifique et de vos préférences.

Grandes solaires photovoltaïques Power Systems:

Exemple Système U:

Taux Puissance: 2000 Watt 24 VDC. Production d'énergie pour une ville de 5,5 pic Heures de soleil 8.2kWh / jour. Production d'énergie mensuel: 250 kWh / mois.

Solar Array:

Huit (8) des panneaux solaires photovoltaïques évalué à 250 Watts et 24 VDC c / u, connectés en parallèle pour un total de 2.000 Watt correctif. Exemple: PV solaire REC 250PE, dimensions c / u: 65,5" x 39" x 1,5" (1663,7 x 990,6 x 38,1 mm). Un (1) Fin de montage type de poste de la structure de huit (8) 250 panneaux Watt. Monté sur un diamètre de tube d'acier de 5,5" (139,7 mm) annexe N ° 40, trou encastré dans le sol avec du ciment.

Batterie / Contrôleur de charge / variateur:

Un (1) Power Panel AEE OBJX5-GTFX3048 y compris les fusibles, sectionneurs, onduleur, régulateur de charge et jusqu'à 80 Amp. Quatre (4) Batteries modèle MK 8G24DT, étanche, sans entretien, taxée à 12 VDC et 73 Ah de capacité c / u. Un (1) type de boîte de la batterie de la boîte dans le sol. Il peut être situé jusqu'à 50 pieds (15,24 m) de la photovoltaïque. Une escouade de sécurité Débranchez D.

Sortie Power Inverter Panel AEE: 2500 Watt AC monophasé 60 Hz

Système Exemple V:

Taux Puissance: 2000 Watt 48 VDC. Production d'énergie pour une ville de 5,5 pic Heures de soleil 8,2 kWh / jour. Production d'énergie mensuel: 250 kWh / mois.

Solar Array:

Huit (8) Les panneaux solaires photovoltaïques évalué à 250 Watts et 24 VDC c / u, 4 panneaux reliés en sous-chaîne parallèle, tant à l'interne en série pour 48 V CC, pour un total de 2.000 Watt correctif. Exemple: PV solaire REC 250PE, dimensions c / u: 65,5" x 39" x 1,5" (1663,7 x 990,6 x 38,1 mm). Un (1) Fin de montage type de poste de la structure de huit (8) 250 panneaux Watt. Monté sur un diamètre de tube d'acier de 2,5" (63,5 mm) annexe N ° 40, trou encastré dans le sol avec du ciment.

Batterie / Contrôleur de charge / variateur:

Un (1) Power Panel AEE OBJX5-GTFX3048 y compris les fusibles, sectionneurs, onduleur, régulateur de charge et jusqu'à 80 Amp. Quatre (4) Batteries modèle MK 8G24DT, étanche, sans entretien, taxée à 12 VDC et 73 Ah de capacité c / u. Un (1) type de boîte de la batterie de la boîte dans le sol. Il peut être situé jusqu'à 50 pieds (15,24 m) de la photovoltaïque. Un support de déconnexion de sécurité D

Onduleur sortie: 3000 Watt AC monophasé 60 Hz

Exemple de système W:

Taux Puissance: 3000 Watt 48 VDC. Production d'énergie pour une ville de 5,5 heures creuses Sol 12 kWh / jour. Production d'énergie mensuel: 360 kWh / mois.

Solar Array:

Douze (12) Les panneaux solaires photovoltaïques évalués à 250 Watts et 24 VDC c / u, pour un total de 3.000 Watt correctif. Exemple: PV solaire REC 250PE, dimensions c / u: 65,5"x 39" x 1,5" (1663,7 x 990,6 x

38,1 mm). Un (1) Fin de montage type de poste de la structure de huit (8) 250 panneaux Watt. Monté sur un diamètre de tube d'acier de 6,5" (165,1 mm) annexe N ° 40, trou encastré dans le sol avec du ciment.

Batterie / Contrôleur de charge / variateur:

Un (1) Power Panel AEE OBJX5-GTFX3048 y compris les fusibles, sectionneurs, onduleur, régulateur de charge et jusqu'à 80 Amp.

Deux (2) Batteries modèle MK 8G24DT, étanche, sans entretien, taxée à 12 VDC et 73 Ah de capacité c / u.

Un (1) type de boîte de la batterie de la boîte dans le sol. Il peut être situé jusqu'à 50 pieds (15,24 m) de la photovoltaïque. A 125 Watt Onduleur ExeelTech XP/24 CA monophasé.

CA 3000 Watt crête 6 kW AC 120 VAC monophasé: Sunrise Drive.

Exemple de système X:

Taux Puissance: 4000 Watt 48 VDC. Production d'énergie pour une ville de 5,5 pic Heures de soleil de 16,5 kWh / jour.

Production d'énergie mensuel: 500 kWh / mois.

Solar Array:

Seize (16) Les panneaux solaires photovoltaïques évalués à 250 Watts et 24 VDC c / u, connectés en série pour deux subhileras v48VCD. Chaque sous-chaîne est de 8 panneaux en parallèle, pour un total de moins de 4000 Watt. Exemple: PV solaire REC 250PE, dimensions c / u: 65,5" x 39" x 1,5" (1663,7 x 990,6 x 38,1 mm). Deux (2) Structures de montage Loin type de poste pour huit (8) 250 Watt panneaux c / u. Monté sur deux (2) tubes en acier de diamètre 5,5" (139,7 mm) de l'annexe N ° 40, trou encastré dans le sol avec du ciment.

Huit (8) étanche, sans entretien batterie MK 8G24DT évalué à 12 VDC @ 73 ampères-heures chacune. Deux (2) Gendarmerie poitrine style Rez Battery Box (peut être situé à 50 mètres de PV).

Batterie / Contrôleur de charge / variateur:

Un (1) Power Panel AEE OBJX5-GTFX3648 y compris les fusibles, sectionneurs, onduleur, régulateur de charge et jusqu'à 80 Amp, pré-câblé et testé.

Huit (8) Batteries modèle MK 8G24DT, étanche, sans entretien, taxée à 12 VDC et 73 Ah de capacité c / u. Deux (2) Boîtes poitrine dans les batteries de type sol.

Il peut être situé jusqu'à 50 pieds (15,24 m) de la photovoltaïque. Onduleur sortie: 3600 Watt AC pic à 7,2 kW, monophasé, 120 VAC 60 Hz

Chapitre Huit: Guide rapide pour solaires PV Power Systems que l'énergie et les coûts d'énergie.

La liste ci-dessous contient les types de systèmes de puissance et de l'énergie sur la demande pour les sites distants fournir.

Systèmes d'énergie solaire photovoltaïque potentialiser sont conçus pour alimenter de aparaturas électroniques compresseurs domestiques et les systèmes électriques.

Répondre à la demande en énergie de votre ville ou de votre projet avec la production d'énergie de l'un des systèmes suivants:

Systèmes sont évalués par Watt Système de tension CC et production d'énergie par jour (sur la base d'une ville avec 5,5 heures de pointe Sun).

Système A - 30 Watts, 12 VDC, 120 watts-heure / jour

Système B - 60 Watts, 12 VDC, 240 watts-heure / jour

Système C - 60 Watts, 24 VDC, 240 watts-heure / jour

Système D - 90 Watts, 12 VDC, 370 Watt-hora/día

E Système - 120 Watts, 12 VDC, 500 Watt-hora/día

System F - 120 Watts, 24 VDC, 500 Watt-hora/día

G Système - 135 Watts, 12 VDC, 550 Watt-hora/día

Système H - 180 Watts, 12 VDC, 740 Watt-hora/día

Système I - 180 Watts, 24 VDC, 740 Watt-hora/día

J Système - 250 Watts, 24 VDC, 1 kWh / jour

270 Watts, 12 VDC, 1,1 kWh / jour - Système K

L Système - 270 Watts, 24 VDC, 1,1 kWh / jour

Système M - 360 Watts, 12 VDC, 1,48 kWh / jour

N Système - 360 Watts, 24 VDC, 1,48 kWh / jour

Système d'O - 500 Watts, 12 VDC, 2 kWh / jour

500 Watts, 24 VDC, 2 kWh / jour - Système de P

Q Système - 500 Watts, 48 VDC, 2 kWh / jour

R Système - 1000 Watts, 24 VDC, 4,1 kWh / jour

S Système - 1000 Watts, 48 VDC, 4,1 kWh / jour

Système T - 1500 Watts, 24 VDC, 6,1 kWh / jour

2000 Watts, 24 VDC, 8,2 kWh / jour - Système U

System V - 2000 Watts, 48 VDC, 8,2 kWh / jour

W Système - 3000 Watts, 48 VDC, 12 kWh / jour

X - 4000 Watts, 48 VDC, 16,5 kWh / jour

Entrez les liens ci-dessus selon Power Systems
Systèmes solaires photovoltaïques détails. Peak
Heures de soleil vérifier votre Carte locale ressource
solaire en tapant NREL Cartes solaires.

J'espère que vous avez apprécié ce livre, et il a été
utile dans la planification de votre projet spécifique
de la puissance de l'énergie solaire photovoltaïque.
Pour infortmación supplémentaires sur les grands
systèmes d'énergie solaire PV visiter dde
Solardyne.com partout.

Profitez de vos systèmes d'énergie solaire PV!